Plats refaits

ST Rorer

Writat

Cette édition parue en 2023

ISBN : 9789358812312

Publié par
Writat
email : info@writat.com

Contenu

PRÉFACE

La sage prévoyance, c'est-à-dire l'économie, constitue le premier des devoirs domestiques. La pauvreté n'affecte en rien la compétence dans la préparation des aliments. Le but de la cuisine est de faire ressortir la saveur propre de chaque ingrédient utilisé dans la préparation d'un plat et de le rendre plus facile à digérer. Des arômes admirables sont donnés par les petits restes de légumes qui se retrouvent trop souvent dans la poubelle.

Le marketing économique ne signifie pas l'achat d'articles de qualité inférieure à un prix bon marché, mais d'une petite quantité des meilleurs matériaux trouvés sur le marché ; ces matériaux doivent être utilisés judicieusement et économiquement. Petite quantité et pas de gaspillage, juste ce qu'il faut et pas un morceau de trop, est une bonne règle à retenir. Cependant, dans les rôtis et les steaks, malgré un achat soigné, il restera des morceaux qui, s'ils sont utilisés de manière économique, pourront être transformés en plats savoureux, savoureux et sains pour le déjeuner ou le dîner du lendemain.

N'achetez jamais de viande dite tendre pour des ragoûts, des steaks de Hambourg ou des soupes ; vous ne devriez pas non plus acheter un steak rond ou d'épaule à griller, ni un vieux poulet à rôtir. Choisissez une volaille pour une fricassée, un poulet à rôtir et un poulet dit de printemps à griller. Chacun a son propre prix et sa propre place.

Sauf pour le bouillon, tous les os, qu'ils soient de bœuf, de mouton, de volaille ou de gibier, ainsi que tous les jus qui restent dans les plats à découper sur la table, et l'eau dans laquelle on bout les viandes et dans laquelle on fait bouillir certains légumes. Dans cet entrepôt, car une telle marmite l'est, iront aussi les extrémités dures des rôtis de côtes, qui deviendraient insipides et sèches si elles sont rôties ; les morceaux extraits des côtelettes françaises ; l'os qui reste dans l'assiette du steak de surlonge ; et chaque morceau de carcasse laissé sur le plateau de découpe général de toutes sortes de gibiers et de volailles. Une fois la viande retirée du rôti, ces os seront également utilisés.

ACTION

Dans toute bonne cuisine, il existe une demande constante pour une demi-pinte ou une pinte de bouillon. La sauce brune et la sauce tomate, en fait, toutes les sauces à la viande, sont décidément meilleures à base de bouillon qu'à base d'eau, et comme cela arrive dans chaque foyer sans le coût supplémentaire d'un centime, il n'y a aucune excuse pour s'en passer. Conservez les ossements collectés samedi, dimanche et lundi. Les os de poulet et de veau peuvent être conservés ensemble ; bœuf, mouton et jambon dans un autre lot ; l'un fait un bouillon blanc, l'autre brun. Si la quantité est petite, rassemblez-les tous. Cassez les os, mettez-les au fond d'une grande marmite, couvrez d'eau froide, portez lentement à ébullition et écurez. Poussez la bouilloire vers l'arrière du feu, où le bouillon peut mijoter pendant au moins trois heures, puis ajoutez un oignon dans lequel vous avez piqué douze clous de girofle, une feuille de laurier, quelques branches de céleri ou un peu de graine de céleri, et une carotte coupée en tranches ; laisser mijoter doucement pendant encore une heure et filtrer. Les mardis et samedis sont les meilleurs jours pour faire du bouillon, car ce sont les jours où vous avez des feux longs et continus ; le mardi pour le repassage ; le samedi pour la fabrication du pain ; vous économiserez ainsi du charbon, de la chaleur et du temps.

En préparant une soupe aux tomates, ajoutez à chaque pinte de tomates une pinte de ce bouillon au lieu de l'eau ; ou le bouillon peut être simplement chauffé, bien assaisonné et utilisé comme soupe claire. En ajoutant un peu de riz ou de macaronis cuits, vous obtiendrez une soupe de riz ou de macaronis.

Dans les soupes à la crème, où le bouillon remplace l'eau, moins de lait donne des résultats égaux, peut-être meilleurs. Par exemple, dans une soupe à la crème de céleri, recouvrez le céleri de bouillon froid au lieu d'eau, en utilisant un litre au lieu d'une pinte d'eau, puis utilisez seulement une pinte de lait, ayant au final la même quantité d'un litre beaucoup plus savoureux . soupe à moindre coût. On apprend vite que tous les plats préparés sont plus savoureux lorsqu'ils utilisent du bouillon à la place de l'eau. Si l'on cuit des pois, des haricots ou du chou, on peut ajouter cette eau à celle dans laquelle on a bouilli du bœuf ou du mouton, le tout soigneusement réduit par ébullition rapide, égoutté et mis de côté pour l'usage.

POISSON CUIT

Canapés

Le poisson bouilli à froid fait d'excellents canapés. Pour chaque demi-pinte de poisson, prévoyez six carrés de pain grillé. S'il vous reste des pommes de terre bouillies froides, ajoutez-y du lait, faites-les chauffer et mettez-les dans une poche à douille. Décorez le bord des toasts avec cette purée de pommes de terre, à l'aide d'un petit tube étoile ; remettez-les au four jusqu'à ce qu'ils soient légèrement dorés. Transformez le poisson en poisson à la crème. Frottez le beurre et la farine ensemble, ajoutez une demi-pinte de lait, ajoutez le poisson et un assaisonnement savoureux de sel et de poivre. Disposez les centres sur les toasts avec cette crème de poisson et envoyez immédiatement à table. Un très petit poisson ici fait bonne figure et constitue l'un des plus beaux canapés chauds.

Sardines au four

Une fois les sardines ouvertes, il est préférable de les retirer de la boîte et d'en faire un plat pour le prochain repas. Ils peuvent être grillés et servis sur du pain grillé, ou préparés avec de la chapelure en boulettes de sardines et frits, ou cuits au four. Pour les faire cuire, mélangez l'huile de la boîte dans une demi-tasse d'eau, ajoutez une cuillère à café de sauce Worcestershire, une demi-cuillère à café de sel et une pincée de poivre. Mettez le poisson dans un plat allant au four, passez-le au four jusqu'à ce qu'il soit très chaud, puis dressez-le, arrosez-le de sauce et envoyez-le aussitôt à table.

Croquettes de Poisson

Les restes de poisson bouilli froid peuvent être transformés en croquettes. Pour chaque tasse de poisson froid, ajoutez une cuillère à soupe rase de beurre, deux cuillères à soupe rases de farine et une demi-tasse de lait. Frotter le beurre et la farine ensemble, ajouter le lait ; à ébullition, retirer du feu. Ajoutez au poisson une cuillère à café rase de sel, une pincée de poivre noir, une cuillère à soupe de persil haché et quelques gouttes de jus d'oignon ; mélangez-le soigneusement avec la pâte et laissez refroidir. Une fois froid, formez des petits cylindres, plongez-les dans l'œuf battu et faites-les frire dans la graisse bien chaude.

Poisson à la crème

Une pinte de poisson bouilli froid, mélangée à une demi-pinte de sauce blanche. Transformez-le dans un plat allant au four et faites dorer. Ou, lorsque les deux sont soigneusement chauffés ensemble, servez-les dans des ramequins ou dans une bordure de purée de pommes de terre dorée.

VIANDE

La viande étant l'aliment le plus coûteux et le plus extravagant, il incombe à la ménagère de conserver tous les restes et de les transformer en d'autres plats. Les morceaux dits de qualité inférieure – non pas inférieurs parce qu'ils contiennent moins de nutriments, mais inférieurs parce que la demande pour cette viande est moindre – devraient être utilisés pour tous les plats hachés avant la cuisson, comme les steaks de Hambourg, les boulettes de curry, le kibbee ou les ragoûts . , ragoûts, rôtis et divers plats où une sauce est utilisée pour cacher l'infériorité et la laideur du plat. Nous n'avons aucune occasion ici de dépenser de l'argent pour la beauté.

Si l'on achète de la viande pour la soupe, la cuisse et le tibia sont les meilleures parties. Cependant, cela n'est pas nécessaire dans la famille ordinaire, car il reste toujours suffisamment d'os pour le stock quotidien. Toute la viande restante du thé de bœuf, aussi insipide soit-elle, peut être joliment assaisonnée et transformée en currys ou en viande pressée, ce qui redonne un bon plat pour le déjeuner ou le dîner. N'oubliez pas que lorsque l'arôme du bœuf a été extrait dans l'eau, comme lors de la préparation du thé au bœuf, une autre saveur prononcée doit être ajoutée pour rendre le plat transformé agréable au goût. Pour cette raison, les currys, viandes pressées, servis avec de la sauce Worcestershire ou tomate, sont choisis.

Le mouton froid peut être transformé en pilaf, haché sur du pain grillé avec de la sauce tomate, haché avec de la sauce aux câpres, transformé en escalope de mouton, mouton grillé, cocotte ou timbale de macaronis ; tous des plats attrayants, assez beaux pour être présentés à l'invité le plus raffiné. Les viandes épicées, comme le bœuf *à la mode* , peuvent être servies froides avec une sauce à la crème de raifort et de la gelée d'aspic. S'ils sont chauds, ils seront transformés en ragoûts ou en une sorte de plat avec une sauce brune ou tomate. Il convient de garder à l'esprit que les viandes blanches seront accompagnées de sauces blanches ou jaunes ; viandes brunes avec sauces brunes ou tomates. Les dessus grossiers du surlonge et la partie dure du rumsteck, s'ils sont grillés, ne peuvent pas être mangés, car la chaleur sèche les rend difficiles à mastiquer. Coupez-les avant que le steak ne soit grillé et mettez-les de côté pour les utiliser pour les steaks de Hambourg, les boulettes de curry, le timbale ou le cannelon , créant ainsi un plat nouveau et attrayant à partir de celui qui aurait autrement été jeté.

Si vous utilisez du jambon et que vous en avez fait bouillir un morceau, une fois les tranches égales retirées, coupez les morceaux tendres restants pour obtenir du jambon frisé, ce qui en fait un bœuf frisé. Les morceaux autour de l'os qui ne peuvent pas être tranchés seront hachés et transformés en jambon en pot ou à la diable. Jetez l'os dans la marmite.

Un hachoir ou un hachoir à viande, qui ne coûte qu'un dollar et demi ou deux dollars, économisera son prix grâce à l'utilité de ces restes en moins d'un mois.

L'eau dans laquelle vous faites bouillir un gigot de mouton, du poulet, de la dinde ou une langue de bœuf fraîche, ou des légumes comme des haricots verts, des pois, du riz, des macaronis ou de l'orge, mise de côté et utilisée à la place de l'eau claire pour recouvrir les os du bouillon. -fabrication. L'eau dans laquelle est bouilli le chou doit être conservée seule et utilisée le lendemain pour une soupe Crécy ; la saveur du chou, avec une carotte légèrement dorée dans le beurre, fait une délicieuse soupe sans ajout de viande.

BOEUF—CRU

Les morceaux ou morceaux de bœuf durs non cuits peuvent être transformés en l'un des plats suivants :

Kibbée

Hachez très finement la viande dure et non cuite; passez-le deux fois dans un broyeur. Pour chaque livre, prévoyez une cuillère à soupe d'oignon râpé, une cuillère à soupe de persil haché, une cuillère à café de sel, juste une pincée de poivre et une demi-tasse de noix de pin grillées. Formez des boules de la taille d'un œuf, placez-les dans un plat allant au four, ajoutez une demi-pinte de tomates égouttées, une cuillère à soupe de beurre et faites cuire lentement trente minutes, en arrosant trois ou quatre fois. Si plus d'une livre de viande est utilisée, tous les ingrédients doivent être augmentés en conséquence.

Steaks de Hambourg

Les véritables steaks de Hambourg sont riches en oignons et très riches en matière grasse, trop pour être sains ; nous les modifierons donc , afin qu'ils puissent être mangés même par les dyspeptiques ou les personnes ayant une digestion faible. Passer deux fois au hachoir à viande les extrémités dures des steaks ou des morceaux de ronde. Pour chaque livre de cette viande, ajoutez une demi-cuillère à café de graines de céleri et une cuillère à café d'oignon râpé. Formez des gâteaux épais et uniformes, en vous assurant que le centre et les côtés ont la même épaisseur. Ceux-ci peuvent maintenant être grillés sur un feu clair ou sous les lampes à gaz de votre gril à gaz, ou ils peuvent être déposés dans une poêle en fer bien chauffée. Dès qu'un côté est doré, retournez et faites dorer l'autre. Si les steaks ont un pouce d'épaisseur, il faudra huit minutes pour une cuisson parfaite. Une manière extrêmement satisfaisante consiste à les faire dorer rapidement sur un feu chaud, puis à mettre la poêle au four et à les laisser cuire cinq minutes. Saupoudrez de sel, assaisonnez avec un peu de beurre et de poivre, et servez sur un plat bien chaud ; ou servir avec une sauce brune ou tomate. S'ils ont été cuits sur le feu ou au four, mettez une cuillère à soupe de beurre dans la poêle dans laquelle ils ont été cuits, ajoutez une cuillère à soupe de farine, une demi-tasse de bouillon et une demi-tasse de tomates égouttées. A ébullition, ajoutez une cuillère à café de sel, une pincée de poivre et versez sur les steaks.

Cannelon

Passez deux fois au hachoir à viande une livre de viande dure, assaisonnez avec une cuillère à café de sel, une pincée de poivre et, si vous le souhaitez, un peu de graines de céleri ou de têtes de céleri hachées ; prenez cette viande hachée dans vos mains et formez-en un rouleau d'environ quatre pouces de diamètre et six pouces de long. Roulez-le dans un morceau de papier huilé, mettez-le dans un plat allant au four, enfournez à four rapide trente minutes en arrosant le papier de beurre fondu trois ou quatre fois. Une fois terminé, retirez le papier, dressez le cannelon et versez autour de la sauce tomate nature.

Ragoût brun

Coupez les restes de viande dure non cuite en cubes d'un pouce. Mettez quelques cuillerées à soupe de suif dans une casserole ; une fois rendu, supprimez les crépitements. Saupoudrez les morceaux de viande d'une cuillère à soupe de farine, jetez-les dans le suif chaud et secouez jusqu'à ce qu'ils soient dorés. Mettez la viande de côté et ajoutez à la graisse de la poêle une seconde cuillère à soupe de farine ; mélangez, ajoutez une pinte d'eau ou de bouillon, remuez jusqu'à ébullition, ajoutez une cuillère à café de sel, une feuille de laurier, une tranche d'oignon, une cuillère à café de brunissement ou de bouquet de cuisine ; couvrir et laisser mijoter doucement jusqu'à ce que la viande soit tendre, environ une heure et demie. Les proportions données ici sont pour une livre de bœuf. Cela peut être servi nature, ou en bordure de riz, ou avec des boulettes. Si vous faites des raviolis, mettez une pinte de farine dans un bol, ajoutez une cuillère à café de sel et une de levure chimique ; bien mélanger et ajouter suffisamment de lait pour juste humidifier; déposer par cuillerées sur le ragoût, couvrir la casserole et cuire une dizaine de minutes. Ne soulevez pas le couvercle pendant les dix minutes, sinon les boulettes tomberont.

Timbale de Bœuf

Hachez finement les restes de morceaux de bœuf maigre durs. Faites cuire ensemble un instant une branchie de tomates égouttées et une tasse de chapelure ; ajouter à la viande, frotter jusqu'à obtenir une pâte lisse, assaisonner avec un quart de cuillère à café de graines de céleri, une demi-cuillère à café de sel et une pincée de poivre ; mélangez, puis incorporez délicatement les blancs bien battus de deux œufs ; verser dans des coupes à crème anglaise, placer dans une casserole d'eau bouillante et cuire à four modéré vingt minutes. Servir avec de la sauce tomate. Cette recette est pour une livre de bœuf.

BŒUF—CUIT

Ragoût

Coupez les morceaux de bœuf bouilli ou rôti à froid en cubes d'un pouce ; pour chaque litre, prévoyez deux cuillères à soupe de beurre, deux de farine et une pinte de bouillon. Frottez le beurre et la farine ensemble, ajoutez le bouillon, remuez jusqu'à ébullition; ajoutez une cuillère à soupe de jus d'oignon, une cuillère à café de brunissage ou de bouquet de cuisine, une cuillère à café de sel, une cuillère à soupe de ketchup de tomates, une cuillère à soupe de persil haché ; ajoutez la viande; placez-vous sur la partie arrière du poêle jusqu'à ce qu'il soit bien chaud ; servir sur une assiette chauffée garnie de morceaux triangulaires de pain grillé. Quelques restes d'olives, de champignons ou même une truffe hachée peuvent être ajoutés.

Bresleau

Hachez suffisamment de viande cuite froide pour obtenir une pinte, assaisonnez-la avec une cuillère à café de sel et un quart de cuillère à café de poivre. Mettez sur le feu une demi-tasse de bouillon ou d'eau, deux cuillères à soupe de chapelure et une cuillère à soupe de beurre ; quand elle est chaude, ajoutez-y la viande ; retirez du feu et incorporez délicatement deux œufs bien battus. Mettez-le dans des coupes à crème graissées, placez-les dans un plat allant au four à moitié rempli d'eau bouillante et faites cuire à four modéré quinze ou vingt minutes ; servir avec de la sauce tomate ou de la sauce Béchamel.

Croquettes de Bœuf

Hachez suffisamment de bœuf cuit froid pour faire une pinte ; ajoutez-y une cuillère à café de sel, une cuillère à café de jus d'oignon, une pincée de poivre de Cayenne, un quart de cuillère à café de poivre et une râpe de muscade. Mettez une demi-pinte de lait sur le feu. Frottez ensemble une cuillère à soupe de beurre et deux cuillères à soupe de farine, ajoutez-les au lait chaud, remuez jusqu'à obtenir une pâte lisse et épaisse ; retirer du feu; mélangez-y la viande et laissez-la refroidir. Une fois froid, formez des croquettes. Battez un œuf, ajoutez-y une cuillère à soupe d'eau tiède et battez à nouveau. Trempez-y d'abord les croquettes, puis roulez-les dans la chapelure et faites-les frire dans de la graisse bien chaude. Ils peuvent être servis nature ou accompagnés de sauce tomate.

Pudding au steak de bœuf

Coupez le steak cuit froid en cubes d'un demi-pouce. Pour chaque pinte, prévoyez une demi-pinte de lait, six cuillères à soupe de farine, deux œufs et deux cuillères à soupe de suif haché. Mettez la farine dans un bol; battez les œufs, ajoutez-y le lait, puis ajoutez progressivement à la farine ; rendre parfaitement lisse. Couvrir le fond d'un plat allant au four d'une couche de pâte, y mettre les morceaux de steak, saupoudrer de suif haché, puis saupoudrer de sel et de poivre et, si vous le souhaitez, de quelques gouttes de jus d'oignon ; Maintenant, mettez le reste de la pâte et faites cuire à four modérément rapide pendant une heure et demie.

Boulettes de pommes de terre

Prenez d'éventuels morceaux de viande cuite froide, hachez-les finement, assaisonnez soigneusement avec du sel, du poivre, du persil ou du céleri haché. Pour chaque pinte, prévoyez deux cuillères à soupe de beurre fondu. Pour la croûte, vous pouvez utiliser des restes de purée de pommes de terre froides ; si c'est le cas, ajoutez un peu de lait et remuez sur le feu jusqu'à ce que le mélange soit lisse et chaud. Si les pommes de terre sont bouillies à cet effet, ajoutez du sel, du beurre et du lait et battez-les jusqu'à ce qu'elles soient légères. Tapisser sur un centimètre de profondeur un plat allant au four, mettre la viande au centre, recouvrir le dessus de purée de pommes de terre, lisser, badigeonner de lait et cuire à four modéré une demi-heure.

Gobbits

Grattez et coupez en morceaux fantaisie une carotte et un navet de bonne taille. Mettez-les dans une casserole, couvrez d'un litre de bouillon et faites cuire lentement jusqu'à ce que les légumes soient tendres. Préparez, coupé en cubes d' un pouce , suffisamment de bœuf cuit froid pour en faire un litre ; ajoutez-le aux légumes, laissez mijoter quelques minutes jusqu'à ce que la viande soit chaude ; préparez également une tasse de riz bouilli trente minutes dans de l'eau claire, égoutté et séché. Disposez-le en bordure autour du plat de viande. Mettez deux cuillères à soupe de beurre et de farine dans une casserole ; mélanger. Égouttez la liqueur de la viande et des légumes, qui devraient maintenant mesurer une pinte ; sinon, ajoutez suffisamment de bouillon pour faire une pinte ; ajoutez-le au beurre et à la farine et remuez jusqu'à ébullition. Disposez la viande et les légumes au centre de la bordure de riz. Retirez la sauce du feu, ajoutez une cuillère à café de sel, une pincée de poivre et les jaunes de deux œufs. Réchauffez un instant, filtrez sur le mélange de viande, saupoudrez de persil haché et servez immédiatement.

Beignets de Bœuf

Hachez suffisamment de bœuf cuit froid pour faire une pinte ; ajoutez-y une cuillère à café de sel et un quart de cuillère à café de poivre. Battez deux œufs jusqu'à ce qu'ils soient légers, ajoutez-y une demi-pinte d'eau ou de bouillon ; incorporez-y une tasse et demie de farine , battez jusqu'à consistance lisse, ajoutez une cuillère à café de levure chimique et la viande. Déposez-le par cuillerées dans de la graisse chaude et fumante ; cuire environ trois minutes, égoutter sur du papier brun et servir soit sur une serviette pliée, soit dans un plat avec de la sauce tomate.

Bœuf haché sur pain grillé

Prenez la viande entre les os d'un rôti de côtes, ou tout petit morceau qui ne serait pas utilisable dans d'autres plats, hachez-les finement, et pour chaque pinte, ajoutez une cuillère à soupe de beurre, une de farine et une demi-pinte de tomates ou action. Mélangez le beurre et la farine, puis ajoutez les tomates égouttées ou le bouillon; à ébullition, ajoutez la viande et un assaisonnement savoureux de sel et de poivre. Placez le mélange sur de l'eau chaude jusqu'à ce qu'il soit chaud et servez-le sur des carrés de pain grillé.

Barbecue de boeuf froid

Coupez le bœuf rôti à froid ou bouilli en fines tranches. Mettez dans votre casserole deux cuillères à soupe de beurre, deux cuillères à soupe de ketchup et deux cuillères à soupe de sherry ; remuer jusqu'à ce qu'il soit chaud; déposez-y les tranches de bœuf, couvrez la casserole, secouez de temps en temps pendant une minute, jusqu'à ce que le bœuf soit chaud, et envoyez immédiatement à table. C'est extrêmement bon préparé et servi dans un réchaud. Ce plat peut être préparé en omettant le sherry et en utilisant une cuillère à café de sauce Worcestershire, une cuillère à café de ketchup aux champignons et deux cuillères à soupe de bouillon.

Hachis de Bœuf Salé N°1

Le corned-beef cuit à froid est mieux transformé en hachis. Hachez suffisamment pour faire une pinte. Hachez la même quantité de pommes de terre bouillies froides ; mélangez les deux, mettez-les dans une casserole, ajoutez une demi-pinte de bouillon, une cuillère à soupe de beurre, une cuillère à café de jus d'oignon et un quart de cuillère à café de poivre noir ou blanc. Remuer soigneusement et constamment jusqu'à ce que le mélange atteigne le point d'ébullition. Servir aussitôt sur des toasts beurrés.

Hachis de Bœuf Salé N°2

Hachez suffisamment de corned-beef cuit froid pour faire une pinte ; hacher la même quantité de pommes de terre bouillies froides ; mélanger les deux ensemble. Mettez-les dans une cocotte, ajoutez une pinte de bouillon; laisser mijoter juste un instant ; retirez du feu, ajoutez deux œufs bien battus, une pincée de poivre ; Versez le mélange dans un plat allant au four et faites cuire à four rapide vingt minutes.

Réchauffée de Boeuf

Coupez les restes de bœuf froid en fines tranches. Coupez en tranches trois pommes de terre bouillies froides. Épluchez deux tomates, coupez-les en deux, essorez les graines, puis coupez les tomates en petits morceaux. Hachez un oignon de bonne taille. Mettez une couche de tomate au fond d'un plat allant au four, puis le bœuf, puis un assaisonnement d'oignon, sel et poivre, et si vous en avez, un peu de céleri haché, puis les pommes de terre, puis encore les tomates, le bœuf, et ainsi de suite jusqu'à ce que vous avez utilisé les matériaux, en ayant la dernière couche de tomates. Saupoudrez le dessus de chapelure, mettez quelques morceaux de beurre et enfournez une demi-heure à four moyennement rapide.

Pouding au bifteck

Coupez les restes de steak froid en fines tranches et coupez ces tranches en morceaux d'un pouce de long. Mettez un litre de farine dans un bol et ajoutez-y une tasse de suif cru haché. Hachez le suif et la farine ensemble pendant une minute, ajoutez une cuillère à café rase de sel, une cuillère à café de sel de poivre noir et suffisamment d' eau froide pour juste humidifier. Prenez la pâte sur la planche et étalez-la en une feuille ; rendez-le un peu plus grand qu'un plat à tarte ordinaire. Assaisonner les morceaux de viande, les disposer sur la moitié de la feuille, disposer dessus douze bonnes huîtres grasses, badigeonner le dessous de la pâte avec le blanc d'œuf ou l'eau ; repliez l'autre moitié et faites deux ou trois trous sur le dessus. Mettez-le dans une étamine et faites cuire à la vapeur pendant deux heures. Retirez le torchon, badigeonnez le pudding avec le jaune de l'œuf et enfournez à four rapide une demi-heure.

Panada de boeuf

Hachez suffisamment de bœuf cuit froid pour faire une pinte ; assaisonnez-le avec une cuillère à café de sel, une cuillère à soupe de persil haché et une pincée de poivre. Mettez-le au fond d'un plat allant au four. Écrasez six biscuits Uneeda , versez dessus une demi-pinte de lait, laissez-les reposer une minute ou deux, ajoutez un œuf bien battu, une demi-cuillère à café de sel et une cuillère à café de poivre. Versez-le sur le bœuf et faites cuire à four modéré vingt minutes à une demi-heure.

D'autres viandes peuvent remplacer le bœuf.

MOUTON—CRU

Les morceaux durs de mouton cru peuvent être passés deux fois dans le hachoir à viande et utilisés pour des boulettes de curry ou pour farcir des tomates ou des aubergines ; en fait, de presque toutes les manières possibles, on servirait du bœuf cru. Ayant moins de morceaux de chutes de mouton crues que de morceaux de bœuf, nous sommes moins habitués à les voir utilisés.

Boulettes de curry

Passez deux fois les morceaux de mouton dur et non cuit dans le hachoir à viande ; assaisonner la viande avec du sel, du poivre et du jus d'oignon. Former des petites boules de la taille d'une noix anglaise. Mettez deux cuillères à soupe de beurre dans une casserole ; lorsqu'elles sont chaudes, jetez les boules dans le beurre et secouez jusqu'à ce qu'elles soient soigneusement dorées. Retirez-les de la casserole et ajoutez au beurre dans la poêle une cuillère à café de curry, une cuillère à soupe de farine, mélangez et ajoutez une demi-pinte de bouillon ; remuer soigneusement jusqu'à ébullition; versez-le sur les boules, faites cuire doucement pendant vingt minutes, ajoutez deux cuillères à soupe de jus de citron et servez dans une bordure de riz. Le lait de coco peut être utilisé à la place du bouillon.

MOUTON—CUIT

Bien que le mouton fasse partie des viandes rouges, lorsqu'il est soigneusement cuit, il peut être utilisé de nombreuses façons, comme le poulet ou le veau. Les câpres et les tomates, légèrement parfumées de menthe, s'accordent mieux avec le mouton qu'avec presque toutes les autres viandes.

Bobote

Hachez suffisamment de mouton bouilli froid pour faire une pinte. Mettez deux cuillères à soupe de beurre et un oignon émincé dans une casserole ; remuer jusqu'à ce que l'oignon soit légèrement doré; puis ajoutez une demi-pinte de bouillon ou de lait et quatre cuillères à soupe de chapelure. Placez-le au dos de la cuisinière pendant environ cinq minutes pendant que vous blanchissez et hachez finement une douzaine d'amandes. Ajoutez-les à la viande, puis ajoutez une cuillère à café de curry en poudre et une cuillère à café de sel. Battez trois œufs jusqu'à ce qu'ils soient légers, incorporez-les à la viande, puis versez le tout dans la casserole. Frotter d'abord le fond du plat avec une gousse d'ail, puis arroser d'une cuillère à soupe de jus de citron et mettre ici et là quelques morceaux de beurre ; mettez dessus le mélange et faites cuire à four rapide vingt minutes. Servir dans le plat dans lequel il est cuit et accompagner de riz bouilli nature.

Boudins

Hachez suffisamment de mouton cuit froid pour faire une pinte. Mettez sur le feu une demi-tasse de bouillon, deux cuillères à soupe de chapelure et une cuillère à soupe de beurre. Lorsqu'elle est chaude, retirez du feu, ajoutez la viande et les trois œufs bien battus ; ajoutez une cuillère à café de sel et une pincée de poivre. Mettez le mélange dans des coupes à crème graissées, placez-le dans un plat allant au four à moitié rempli d'eau bouillante et faites cuire à four modéré quinze à vingt minutes. Servir avec la sauce Béchamel. Le fond des tasses peut être garni de champignons hachés, de câpres ou de truffes hachées, ou saupoudré abondamment de persil haché.

Klopps

Hachez suffisamment de mouton bouilli froid pour faire une pinte ; ajoutez-y une demi-pinte de chapelure et suffisamment de blanc d'œuf pour lier le tout ; ajoutez une cuillère à café de sel et une pincée de poivre blanc. Former des boules de la taille d'une noix anglaise; déposer dans une bouilloire d'eau bouillante; placez la bouilloire d'un côté du feu où elle ne peut pas bouillir et faites cuire les klopps lentement pendant cinq ou six minutes. Une fois terminé, ils flotteront à la surface. Soulever, égoutter délicatement, mettre sur un plat chaud, verser sur la crème de céleri ou la crème d'huîtres et servir avec des petits pois et du riz bouilli.

Curry de mouton

Mettez deux cuillères à soupe de beurre et un oignon émincé dans une poêle ; cuire lentement jusqu'à ce que l'oignon soit parfaitement tendre; ajoutez une gousse d'ail écrasée, une cuillère à café de curry en poudre et une cuillère à café de curcuma ; mélangez bien, ajoutez une demi-pinte de bouillon ou, mieux, du lait de coco ; remuer jusqu'à ébullition, ajouter un litre de mouton cuit froid haché finement; Faites bien chauffer, ajoutez une cuillère à soupe de jus de citron et versez aussitôt dans un plat garni de riz bouilli.

Mouton aux Anchois

Hachez suffisamment de mouton bouilli froid pour faire une pinte ; écrasez finement trois anchois. Mettez deux cuillères à soupe de beurre dans une casserole, ajoutez un oignon émincé, faites cuire jusqu'à ce que l'oignon soit tendre et jaune, ajoutez une gousse d'ail écrasée, ajoutez-y les anchois et un demi-litre de bouillon ; laisser mijoter doucement pendant quinze minutes et passer au tamis. Ajoutez une cuillère à soupe de câpres, deux ou trois feuilles de menthe écrasées et le mouton haché finement. Chauffer sur de l'eau bouillante pendant quinze minutes et servir sur des carrés de pain grillé. Cela peut être servi nature ou le dessus de chaque morceau peut être recouvert d'un œuf soigneusement poché.

Pilaf

Coupez en morceaux les morceaux de mouton cuits froids ; mettez-les dans une casserole, couvrez d'eau, ajoutez un oignon râpé, une feuille de laurier et deux ou trois graines de cardamome. Saupoudrer une demi-tasse de riz soigneusement lavé; couvrir la bouilloire et laisser mijoter lentement jusqu'à ce que le riz soit tendre. Disposez le mouton, mettez le riz dessus, recouvrez le tout d'une sauce tomate bien faite et servez aussitôt à table.

Salade de mouton

Tous les morceaux de mouton rôtis à froid ou bouillis peuvent être coupés en dés et utilisés pour une salade de mouton ordinaire. Au moment de servir, disposez-le soigneusement sur des feuilles de laitue ou sur tout autre vert accessible ; assaisonner de sel et de poivre et recouvrir de vinaigrette mayonnaise à laquelle a été ajoutée une cuillère à soupe de câpres.

Lorsqu'il n'est pas possible de se procurer du céleri, de la laitue ou d'autres légumes verts frais, des asperges en conserve peuvent être mélangées au mouton ou servies avec celui-ci comme garniture ; donnant un accompagnement extrêmement agréable. Lorsqu'il est impossible d'obtenir des asperges, une boîte de pois peut être égouttée, lavée, égouttée à nouveau et ajoutée au mouton avant de le mélanger à la vinaigrette mayonnaise, ou le mouton peut être mélangé à de la mayonnaise et garni de tomates pelées et les centres creusés. Disposez chacun sur un petit nid de feuilles de laitue ou sur un bouquet de cresson et décorez le dessus de câpres.

Ragoût d'agneau français

1 litre de morceaux de restes d'agneau ou de mouton froids 1 litre de petits pois 1 litre d'eau 3 branches de menthe 1 cuillère à café de jus d'oignon 1 cuillère à café de sel 1 cuillère à café de poivre

Mettez l'agneau, l'eau et tout l'assaisonnement dans une casserole. Décortiquez et lavez les petits pois, mettez-les dessus, couvrez la casserole et portez rapidement à ébullition, soulevez le couvercle et faites bouillir rapidement vingt minutes jusqu'à ce que les petits pois soient tendres. Mélangez le beurre et la farine, mélangez-les délicatement au ragoût, portez à nouveau à ébullition et servez.

Ragoût d'agneau aux tomates

Suivez la recette précédente en utilisant un litre de tomates égouttées à la place d'un litre d'eau.

POULET—CRU

En achetant un poulet pour le timbal, choisissez-en un gros, mais pas un vieux poulet. Une fois le poulet tiré, retirez la viande blanche qui est utilisée crue pour les timbales. La viande brune peut être cuite immédiatement et utilisée pour les boudins, les croquettes, la salade, les cecils , le hachis à la crème, ou servie sur des toasts avec une sauce Bordelaise, ou utilisée en réchaud le lendemain. Ou si vous préférez l'utiliser cru, diabolisez les cuisses et utilisez les os pour la soupe.

Timbale

Hachez finement la viande blanche crue d'un poulet ; cela devrait peser une demi-livre. Frottez-le ensuite avec le dos d'une cuillère en bois contre la paroi d'un bol jusqu'à ce qu'il soit parfaitement lisse. Mettez une tasse de chapelure blanche et une demi-tasse de lait sur le feu ; remuer jusqu'à ébullition; une fois froid, frottez-le soigneusement avec la viande et passez-le au tamis à farine ordinaire. Incorporez-y soigneusement les blancs bien battus de cinq œufs, ajoutez une cuillerée à café de sel, un trait de poivre blanc ; verser dans des tasses à timbale graissées, placer dans une casserole d'eau bouillante, couvrir de papier huilé et cuire à four modéré quinze à vingt minutes. Le fond des tasses peut être garni de truffe hachée, de champignons hachés, de persil haché ou de petits pois bien cuits. Servir avec les timbales soit une sauce à la crème nature, soit une sauce à la crème de champignons. Les petits pois sont l'accompagnement habituel.

Ou bien les moules à timbales peuvent être garnis de ce mélange, et les centres remplis de crème de champignons ; mettez suffisamment de mélange de timbale sur le dessus pour retenir la farce; ils seront ensuite cuits et servis de la manière habituelle.

Cuisses de poulet à la diable

Retirez délicatement les os des cuisses d'un poulet cru. À une demi-tasse de chapelure, ajoutez douze amandes hachées, deux cuillères à soupe de pignons grillés, une cuillère à soupe de persil, une demi-cuillère à café de sel et une pincée de poivre de Cayenne ; humidifier avec deux cuillères à soupe de beurre. Farcissez-le dans les espaces d'où vous avez pris les os, attachez les pattes en haut et en bas pour conserver la farce. Placez les os de la carcasse de poulet dans la marmite, couvrez d'eau froide et, lorsque l'eau atteint le point d'ébullition, placez les cuisses sur les os et laissez cuire continuellement pendant deux heures. Ils peuvent être servis chauds avec une sauce, ou froids, coupés en fines tranches garnies de gelée.

Boulettes de poulet anglaises

Hachez finement la viande brune qui reste des timbales, ajoutez une demi-boîte de champignons finement hachés, une cuillère à café de sel, une demi-cuillère à café de poivre, une cuillère à soupe de persil haché, une douzaine d'amandes blanchies et finement hachées et un œuf cru ; bien mélanger et former des boules de la taille d'une noix anglaise. Disposez-les au fond d'une casserole, couvrez de bouillon, ajoutez une feuille de laurier, une tranche d'oignon et de carotte ; cuire lentement une demi-heure à trois quarts d'heure; égoutter, économisant le stock. Disposez les boulettes au centre d'une assiette, disposez sur le pourtour une rangée de boulettes de pomme de terre, à l'extérieur de ces petits triangles de pain grillé . Mettez une cuillère à soupe de beurre et une de farine dans une casserole ; mélangez, ajoutez une demi-litre de bouillon dans lequel les boulettes ont été cuites, remuez jusqu'à ébullition, retirez du feu, ajoutez le jaune d'un œuf battu avec deux cuillères à soupe de crème ; ajoutez une demi-cuillère à café de sel et une pincée de poivre; égouttez-le sur les boules et servez.

POULET—CUIT

Les restes de poulet ou de dinde froids peuvent être utilisés exactement de la même manière, ou transformés en croquettes, selon la même règle que pour les croquettes de bœuf. Accompagnés de mayonnaise de céleri ou de mayonnaise de tomate, ils constituent un très bon plat de déjeuner. Pour une soirée animée, ils peuvent être simplement garnis de petits pois cuits. Les croquettes de viande sont généralement présentées sous forme de pyramide ; ils peuvent cependant être transformés en cylindres. Les boudins de poulet ou de dinde sont également extrêmement bons.

Hachis à la crème sur du pain grillé

C'est l'un des plats de poulet réchauffés les plus savoureux. Hachez finement le poulet et ajoutez à chaque pinte une cuillère à soupe de beurre, une de farine et une demi-pinte de lait. Frottez le beurre et la farine ensemble, ajoutez le lait, remuez sur le feu jusqu'à ébullition, assaisonnez la viande avec une cuillère à café de sel et une pincée de poivre, ajoutez-la à la sauce au lait et remuez sur l'eau chaude pendant quinze minutes. L'arôme peut être modifié en ajoutant trois ou quatre champignons hachés ou, si vous en avez, une truffe hachée ; mais c'est extrêmement bon. Disposez-le sur des carrés de pain bien grillé, servez immédiatement ou vous pouvez garnir le dessus d'œufs soigneusement pochés.

Casserole

Lavez une demi-tasse de riz ; jetez-le dans l'eau bouillante, faites bouillir vingt minutes, égouttez, ajoutez une demi-tasse de lait, une cuillère à soupe de beurre, une cuillère à café rase de sel et un quart de cuillère à café de poivre ; remuez jusqu'à obtenir une pâte épaisse plutôt lisse. Badigeonner les coupes de crème anglaise, les tapisser sur une profondeur d'un demi-pouce avec ce mélange de riz ; préparez une sauce au lait nature, comme dans la recette précédente, et ajoutez une pinte de poulet assaisonné. Remplissez l'espace dans les tasses de riz avec ce mélange de crème, recouvrez d'une couche de riz, placez les tasses dans une casserole d'eau bouillante et faites cuire à four modéré pendant vingt à vingt-cinq minutes. Retournez-les délicatement sur un plat chauffé, versez autour de la sauce crémeuse et servez. Ils peuvent être garnis de petits pois, de champignons ou de truffes. Bien qu'il s'agisse d'un plat extrêmement économique, il est en même temps élégant.

Hachis indien

Hachez finement suffisamment de canard, de poulet ou de dinde rôti à froid pour faire une pinte. Coupez un oignon de bonne taille en tranches très fines. Parez, épépinez et hachez finement une pomme. Mettez deux cuillères à soupe de beurre dans une casserole, ajoutez la pomme et l'oignon ; mélanger jusqu'à ce qu'il soit brun, puis ajouter pas plus d'un huitième de cuillère à café de macis en poudre, une demi-cuillère à café de sel, une cuillère à café de curry en poudre, une cuillère à soupe de farine, une cuillère à café de sucre ; mélanger et ajouter une demi-pinte de bouillon ou d'eau; ajoutez maintenant la viande, remuez constamment jusqu'à ce qu'elle soit chaude, puis placez-la au-dessus de l'eau chaude en la couvrant étroitement pendant vingt minutes. Ajoutez deux cuillères à soupe de jus de citron et servez sur une bordure de riz.

Mock Terrapin ou à la Newburg

Des morceaux de poulet, de dinde ou de canard rôtis à froid peuvent être utilisés pour faire de la tortue ou à la Newburg. Coupez la viande en morceaux d'assez bonne taille ; mesurez, et à chaque pinte de ceci, prévoyez une demi-pinte de sauce ; frottez ensemble deux cuillères à soupe de beurre et une de farine. Frottez jusqu'à obtenir une pâte lisse les jaunes durs de trois œufs; ajoutez au beurre et à la farine une branchie et demie (trois quarts de tasse) de lait ; remuer jusqu'à ce qu'il soit chaud. Ne laissez pas le mélange bouillir ; puis ajoutez-le petit à petit aux jaunes d'œufs en frottant jusqu'à obtenir une sauce dorée parfaitement lisse ; passez-le au tamis. Avant de commencer la sauce, saupoudrez le poulet de quatre cuillères à soupe de xérès ou de Madère, cette dernière étant préférable. Ajoutez le poulet à la sauce, remuez jusqu'à ce que chaque morceau soit bien recouvert ; ajoutez une demi-cuillère à café de sel, juste une goutte d'extrait de muscade ou une râpe de muscade, un huitième de cuillère de poivre blanc (du poivre noir, bien sûr, peut être utilisé) ; couvrir et laisser reposer au-dessus de l'eau chaude, en remuant de temps en temps jusqu'à ce que le mélange soit chaud.

Poulet Suprême

Cela peut être préparé à partir de poulet ou de dinde coupé en dés ; ajoutez une quantité égale de champignons en conserve; par exemple, à une pinte de poulet froid, ajoutez une boîte de champignons. Mettez deux cuillères à soupe de beurre et deux de farine dans une casserole ; mélanger sans brunir, puis ajouter deux tasses (une pinte) de bouillon de poulet ; remuez constamment jusqu'à ébullition, ajoutez deux cuillères à soupe de crème épaisse et les jaunes de quatre œufs ; égouttez, ajoutez le poulet et les champignons, une cuillère à café rase de sel, un quart de cuillère à café de poivre blanc, dix gouttes d'extrait de céleri ou juste un peu de graines de céleri. Placez ce mélange sur de l'eau chaude, en surveillant attentivement jusqu'à ce qu'il soit complètement chauffé ; rappelez-vous que toute ébullition fera cailler l'œuf. Servez-le sur un plat chaud soit dans une bordure de riz, soit garni de carrés de pain grillé. Ce mélange est également servi dans des pâtés de pain ou dans des caissettes de muffins au poulet.

Escalopes de poulet

Hacher très finement le poulet ou la dinde cuits froids; pour chaque pinte, ajoutez une demi-boîte de champignons hachés finement. Mettez une cuillère à soupe de beurre et deux de farine dans une casserole, mélangez et ajoutez une demi-pinte de bouillon de poulet. Lorsqu'ils sont lisses et épais, retirez du feu, ajoutez les jaunes de deux œufs, le poulet et les champignons, une cuillère à café de sel, un quart de cuillère à café de poivre, une cuillère à café de jus d'oignon, une râpe de muscade et une cuillère à soupe de persil haché ; remuez sur le feu pendant un moment; refroidir; à froid, formez des croquettes en forme d'escalope, trempez-les dans l'œuf et la chapelure et faites-les frire dans de la graisse chaude et fumante. Ceux-ci peuvent être servis nature, avec une garniture de petits pois, ou accompagnés d'une sauce Béchamel.

Canard Bordelaise

Des portions de canard froid peuvent être coupées en morceaux pratiques, arrosées de vin, environ quatre cuillerées à soupe par pinte, et laissées au repos pendant que vous préparez la sauce Bordelaise. Mettez une cuillère à soupe de beurre et une de farine dans une casserole ; mélangez, ajoutez une cuillère à café de brunissement ou de bouquet de cuisine et une demi-pinte de bouillon ; remuez jusqu'à ébullition, ajoutez une cuillère à soupe d'oignon râpé, une demi-cuillère à café de sel, une pincée de poivre et, si vous en avez, une cuillère à soupe de jambon finement haché ; cuire cinq minutes et filtrer; ajoutez trois ou quatre champignons frais ou une demi-douzaine de champignons en conserve et le canard. Placer au-dessus de l'eau bouillante jusqu'à ce que le mélange soit bien chaud. Servir à table garni de triangles de pain grillé. Quelques olives dénoyautées ou tranchées peuvent être ajoutées à la place des champignons, et vous obtiendrez alors un salmi de canard.

JEU

Les morceaux de gibier grillés ou rôtis à froid peuvent être hachés très finement, frottés pour obtenir une pâte lisse dans un bol ou un mortier. Pour chaque demi-pinte de ce mélange, ajoutez deux cuillerées à soupe de sauce brune soigneusement frottée avec le gibier et le blanc non battu d'un œuf ; passer le tout au tamis à farine ordinaire; puis ajoutez les blancs bien battus de deux œufs, quatre champignons coupés presque en poudre et un assaisonnement de sel et de poivre. Remplissez-le dans de petits moules ou tasses graissés; les coupes peuvent être garnies de truffes ou de champignons hachés, ou servies nature. Remplissez le mélange, placez les coupelles dans un plat allant au four à moitié rempli d'eau bouillante ; cuire à four modéré vingt minutes. Les petits moules en forme de bombe sont les meilleurs à utiliser pour cela. Servir avec une sauce brune nature ou parfumée aux champignons.

PAIN

La meilleure façon est de couper juste assez de pain pour chaque repas afin qu'il n'y ait vraiment aucun reste. Si toutefois quelques tranches restent accidentellement, mettez-les de côté dans une boîte de conserve ou un bocal, jamais dans la boîte à pain ordinaire avec le pain ; une ou deux tranches seront invariablement manquées jusqu'à ce qu'elles soient suffisamment vieilles pour moisir et contaminer la quantité restante de pain dans la boîte, et alors aussi elles sont plus susceptibles de s'accumuler de cette manière que dans une boîte séparée. Les morceaux les plus soignés peuvent être utilisés pour porter des toasts au petit-déjeuner, au déjeuner ou au dîner. Les prochains meilleurs morceaux sont utilisés pour la crème anglaise au pain et au beurre ; les croûtes sèchent, roulent et réservent pour être prêtes à paner les articles à frire ou à escalopes. De cette façon, chaque pièce, quel que soit son état, sera utilisée.

Crème anglaise au pain et au beurre

Battez deux œufs sans les séparer jusqu'à ce qu'ils soient légers, ajoutez quatre cuillères à soupe de sucre et un litre de lait, mélangez et ajoutez une râpe de muscade ; transformer dans un plat allant au four ordinaire, recouvrir le dessus de pain beurré, côté beurré vers le haut ; faites cuire à four modéré comme vous le feriez pour une tasse de crème anglaise, jusqu'à ce que vous puissiez placer le manche d'une cuillère au centre de la crème anglaise et qu'elle en ressorte sans lait.

Petits Puddings à la Grand Belle

Roulez les tranches de pain rassis en fines miettes. Badigeonnez de petits moules à crème anglaise ou un moule à bordure de beurre fondu, saupoudrez de quelques groseilles ou raisins secs, ou de tout fruit qu'il vous reste. Remplissez les tasses de miettes. Battre trois œufs, sans les séparer, jusqu'à ce qu'ils soient légers; ajoutez trois cuillères à soupe de sucre, une cuillère à café de vanille et une pinte de lait. Versez-le délicatement sur la chapelure, laissez-les reposer environ cinq minutes jusqu'à ce que le mélange soit absorbé et que la chapelure soit molle ; puis placez-les dans une casserole d'eau bouillante, couvrez de papier huilé et faites cuire au four une demi-heure. Démoulez et servez chaud avec une sauce aux œufs.

Croquettes de Pain

Frottez suffisamment de pain rassis pour obtenir un litre de miettes ; ajoutez quatre cuillères à soupe de sucre, une demi-tasse de groseilles nettoyées ou tout fruit qu'il vous reste et une râpe de muscade ; saupoudrer d'une cuillère à café de vanille et ajouter suffisamment d'œufs battus (environ trois) pour humidifier la chapelure. Former de petites croquettes cylindriques, les tremper dans l'œuf, les rouler dans la chapelure et les faire frire dans la graisse bien chaude. Servir chaud avec une sauce sucrée.

Muffins au pain

Couvrez un litre de morceaux de pain brisés avec une pinte de lait ; laisser tremper pendant quinze minutes, puis battre à la cuillère jusqu'à obtenir une pâte lisse ; ajoutez les jaunes de trois œufs, une cuillère à soupe de beurre fondu et une tasse de farine tamisée avec une grosse cuillère à café de levure chimique. Incorporez délicatement les blancs d'œufs bien battus, et enfournez dans des moules à muffins à four rapide une vingtaine de minutes.

Les muffins restants du petit-déjeuner peuvent être séparés et grillés pour le déjeuner ou le dîner. Des morceaux de génoise rassis, en fait, n'importe quel gâteau rassis peut être utilisé pour les puddings en armoire, pour les puddings à la crème ou pour les croquettes.

ŒUFS

Les œufs mollets qui restent du petit-déjeuner seront aussitôt durs, mis au réfrigérateur, et quand quatre en seront accumulés, utilisez-les pour les œufs Beauregard, les plats à la Newburg ou les garnitures. Les œufs pochés qui restent peuvent être immédiatement plongés dans l'eau bouillante, cuits lentement jusqu'à ce qu'ils soient parfaitement durs, et mis de côté pour être hachés, pour garnir un curry ou un plat de légumes avec lequel ils se marieront bien.

La cuillerée à soupe ou deux de tomates cuites laissées dans le plat après le dîner seront mises de côté pour être utilisées pour l'omelette aux tomates, ou elles pourront être ajoutées à la sauce au rôti de bœuf pour le dîner, transformant ainsi une sauce simple en une sauce de meilleure saveur. La demi-tasse de petits pois peut être ajoutée au consommé du lendemain ou utilisée comme garniture pour l'omelette du petit-déjeuner. Les portions vertes du céleri seront réservées au ragoût ; la partie blanche tendre à servir crue ; tandis que les feuilles et les racines seront utilisées pour aromatiser les soupes et les sauces.

Le jaune d'œuf qui reste, s'il est mis dans une tasse ou une soucoupe, deviendra, en moins de deux heures, dur, sec et inutile. Ce même jaune versé dans une tasse à moitié remplie d'eau froide se conservera plusieurs jours et pourra être utilisé pour la mayonnaise ou ajouté à une sauce. Si nécessaire, il peut être soigneusement soulevé avec une cuillère et utilisé comme un jaune frais.

Blancs d'oeufs

Les jaunes d'œufs se jettent assez facilement, car les sauces nécessitent souvent le jaune d'un ou deux œufs ; ils peuvent ensuite être utilisés pour la vinaigrette mayonnaise ou ajoutés à divers plats. Les blancs d'œufs s'accumulent cependant. Une des manières d'obtenir des jaunes durs, sans gaspiller les blancs, est de séparer le blanc et le jaune avant la cuisson de l'œuf ; déposez le jaune dans une bouilloire d'eau bouillante; puis placez-vous sur la partie arrière du poêle pendant quinze ou vingt minutes jusqu'à ce qu'il soit dur. Le jaune cuira ainsi aussi bien qu'avec le blanc dans la coquille. Désormais, vous avez les blancs crus, qui peuvent être utilisés pour un simple gâteau blanc, une flotteur aux pommes, des soufflés, nature ou avec des fruits.

Oeufs Beauregard

Séparez les blancs et les jaunes de cinq œufs durs, pressez-les dans un presse-fruits ordinaire ou hachez-les très finement. Préparez une demi-pinte de sauce à la crème; à ébullition, ajoutez les blancs d'oeufs. Préparez sur une assiette chauffée cinq carrés de pain grillé ; versez la sauce blanche sur ces carrés, saupoudrez le dessus avec les jaunes d'œufs, puis avec un peu de sel et de poivre, et envoyez aussitôt à table.

Croquettes aux Oeufs

Passez cinq œufs durs dans un presse-légumes ou un hachoir. Mettez une cuillère à soupe de beurre et deux de farine dans une casserole, ajoutez une demi-pinte de lait, remuez jusqu'à ébullition, ajoutez une demi-tasse de chapelure rassis et non brunie , une cuillère à café de sel, une cuillère à soupe de persil haché, une pincée de poivre. et une demi-cuillère à café de jus d'oignon ; ajoutez les œufs, mélangez et laissez refroidir. A froid, formez des escalopes, plongez-les dans l'œuf puis dans la chapelure et faites-les frire dans la graisse fumante. Servir avec une sauce à la crème nature. Ceux-ci avec des petits pois constituent un plat de déjeuner extrêmement agréable.

Gâteau d'or

Il reste souvent quatre ou cinq jaunes après avoir utilisé les blancs pour un plat léger, comme une fausse charlotte. Battez une demi-tasse de beurre en crème, ajoutez progressivement une tasse de sucre. Lorsqu'ils sont très très légers, ajoutez les jaunes d'œufs et battez pendant dix à quinze minutes ; puis ajoutez une tasse d'eau et deux tasses et demie de farine tamisées avec trois cuillères à café rases de levure chimique. Bien battre et cuire au four dans un petit moule rond ou carré.

Salade de chou allemande

Cela utilisera les jaunes de deux œufs et le peu de crème sure qui pourrait rester. Râpez le chou et faites-le tremper dans de l'eau froide en changeant l'eau une ou deux fois. Une fois croustillant, essorez-le parfaitement dans une serviette. Battez les jaunes de deux œufs, ajoutez une demi-tasse de crème sure, quatre cuillères à soupe de vinaigre ; remuez-le sur le feu jusqu'à ce qu'il épaississe. Retirez du feu, ajoutez une demi-cuillère à café de sel et une pincée de poivre ; mélangez-le avec le chou et versez-le dans le plat de service. Cette quantité de vinaigrette sera tout à fait suffisante pour environ un litre de chou.

Pomme Neige

En préparant une sauce hollandaise ou une mayonnaise, on dispose toujours d'une bonne quantité de restes de blancs. Ceux-ci peuvent être transformés en diverses éponges ou utilisés pour la neige fruitée. Battez les blancs de quatre ou cinq œufs jusqu'à ce qu'ils soient légers, puis ajoutez deux cuillères à soupe rases de sucre en poudre tamisé au blanc de chaque œuf et battez jusqu'à ce qu'ils soient secs et brillants. Râpez-la dans cette pomme acidulée, pliez-la rapidement, faites-la flotter sur un petit plat de bon lait ou de bonne crème et envoyez-la aussitôt à table. Si vous avez un ou deux petits gâteaux rassis, ou un peu de génoise rassis, râpez-le, saupoudrez le dessus, et si vous avez juste un peu de gelée, vous pouvez parsemer ici et là de gelée . Cela doit être fait juste avant l'heure du dîner, sinon la pomme perdra sa couleur. Une poire râpée, ou deux ou trois pêches pressées au tamis, ou une ou deux bananes molles peuvent être battues et utilisées à la place de la pomme.

PATATES

Les pommes de terre cuites à froid seront immédiatement transformées en pommes de terre farcies et mises de côté pour être réchauffées. Deux pommes de terre bouillies froides constitueront un plat confortable de pommes de terre rissolées, ou pourront être servies avec une sauce à la crème ou un gratin.

Pommes de terre farcies

Les pommes de terre au four qui restent doivent être transformées en pommes de terre farcies avant qu'elles ne soient lourdes et froides. A la fin du repas au cours duquel elles ont été servies pour la première fois, coupez les pommes de terre directement en deux, ôtez la partie intérieure, passez-la au presse-légumes ordinaire ou écrasez-la finement ; ajoutez un peu de beurre, du sel, du poivre et suffisamment de lait pour obtenir un mélange léger ; placez-le sur de l'eau chaude et battez jusqu'à ce que le mélange soit léger et lisse. Remettez-le dans les coquilles et réservez-les au frais. Au moment de servir, badigeonnez le dessus d'œuf battu et passez-les au four rapide jusqu'à ce qu'ils soient chauds et dorés.

Croquettes de pommes de terre

On peut faire des croquettes de purée froide en ajoutant à chaque pinte quatre cuillerées de lait chaud, les jaunes de deux œufs, une cuillerée de persil haché, une cuillerée d'oignon râpé, un quart de cuillerée de poivre ; remuer sur le feu jusqu'à ce que le mélange soit bien chaud; façonner des croquettes cylindriques, tremper dans l'œuf et la chapelure roulée et faire revenir dans de la graisse chaude et fumante. Les croquettes de pommes de terre sont plus difficiles à frire que les croquettes de viande ; la graisse doit être d'au moins 365 degrés (Fahr .) et le roulage soigneusement effectué.

Feuilleté de pommes de terre

Le mélange ci-dessus peut contenir les blancs d'œufs battus et incorporés et cuits au four ; servir dans le même plat dans lequel il a été cuit.

Roses de pommes de terre pour la garniture

Les pommes de terre bouillies à froid peuvent avoir ajouté suffisamment de lait pour former une pâte molle ; remuez-le sur le feu jusqu'à consistance lisse; mettez-le dans votre poche à douille, à l'aide d'un tube étoile ; tenez fermement le sac en pressant sur des papiers graissés ces petites roses de pomme de terre ; faites-les dorer au four et utilisez-les pour garnir les plats de poisson.

Crèmes De Pommes De Terre

Remuez deux tasses de purée de pommes de terre froide avec quatre cuillères à soupe de lait sur le feu jusqu'à ce qu'elles soient chaudes et légères ; retirez du feu et ajoutez trois œufs battus légèrement avec quatre cuillères à soupe de sucre. Ajoutez une cuillère à café de vanille, incorporez délicatement une pinte et demie de lait. Mettez ce mélange dans des coupes à crème graissées; placer dans une casserole d'eau bouillante et cuire au four modéré jusqu'à ce que le tout soit pris, environ vingt ou trente minutes.

S'il reste un peu de viande cuite et en même temps de la purée de pommes de terre, la viande peut être assaisonnée d'une sauce savoureuse, transformée en plat allant au four, la purée de pommes de terre légèrement diluée avec du lait chaud puis légèrement épaissie avec de la farine, et utilisé comme croûte. Cela fait ce que nous appelons une tarte aux pommes de terre. Quatre cuillères à soupe de lait et quatre de farine suffiraient pour chaque tasse de purée de pommes de terre.

POMMES DE TERRE – BOUILLIES À FROID

Pommes de terre rissolées

Hachez assez finement deux pommes de terre bouillies froides, assaisonnez de sel et de poivre. Mettez une cuillère à soupe de beurre dans une sauteuse ordinaire ; lorsqu'elles sont chaudes, y mettre les pommes de terre en les lissant et en les tapotant ; placez-les sur feu modéré et laissez-les cuire sans être dérangés pendant au moins huit minutes ; puis, avec un couteau souple, repliez-en la moitié comme vous le feriez pour une omelette ; Remettez sur le feu pendant environ trois minutes et allumez immédiatement sur un plat chauffé. Ceux-ci sont extrêmement difficiles à réaliser. Les instructions doivent être soigneusement suivies ; le beurre doit être chaud lorsque vous y mettez les pommes de terre ; le tout doit être bien emballé afin qu'il ne se brise pas au démoulage.

Pommes de terre O'Brien

Hachez assez finement un poivron vert. Hachez suffisamment de poivron rouge pour en faire deux cuillerées à soupe. Mettez deux cuillères à soupe de beurre dans une poêle, ajoutez les poivrons qui doivent être doux ; secouer jusqu'à ce que les poivrons soient tendres, recouvrir de quatre pommes de terre bouillies froides, hachées assez finement, assaisonnées d'une cuillère à café de sel et d'une pincée de poivre. Pressez-les comme des pommes de terre rissolées , laissez-les reposer un moment, remuez-les, mélangez bien, sans les casser, et pressez à nouveau. Laissez-les reposer jusqu'à ce qu'ils soient dorés, repliez-les comme vous le feriez pour une omelette et démoulez-les sur un plat chauffé.

Pommes de terre gratinées

À chacune de quatre grosses pommes de terre froides hachées finement, ajoutez une pinte de sauce à la crème, à laquelle vous aurez ajouté quatre cuillerées à soupe de fromage râpé ; mélangez les pommes de terre avec la sauce, mettez-les dans un plat allant au four, saupoudrez de fromage et faites dorer au four rapide.

pommes de terre à la normande

Couper les pommes de terre bouillies froides en dés ; pour chaque pinte, prévoyez une demi-pinte de sauce à la crème. Mettez une couche de sauce au fond d'un plat allant au four, mettez les pommes de terre, assaisonnez de sel et de poivre, recouvrez d'une autre couche de sauce à la crème, saupoudrez le dessus de chapelure, parsemez ici et là de petits morceaux de beurre, et cuire à four modéré jusqu'à ce qu'il soit doré.

Pommes de terre au lait

Les pommes de terre bouillies à froid peuvent être coupées en tranches et cuites dans du lait au bain-marie jusqu'à ce que le tout soit bien chauffé ; Assaisonnez avec du sel et du poivre puis servez.

Patates douces

Les patates douces bouillies à froid ou rôties peuvent être écrasées à chaud, assaisonnées de sel, de poivre et de beurre et transformées immédiatement en croquettes ; tremper et faire frire de la même manière que les croquettes de pommes de terre blanches.

Pommes de terre à la Lyonnaise

Couper les pommes de terre bouillies froides en petits dés ; à chaque pinte, ajoutez une cuillère à soupe de beurre ; mettez le beurre dans une sauteuse ordinaire, faites-le fondre, ajoutez une cuillère à soupe d'oignon haché, secouez jusqu'à ce que l'oignon soit doré ; ajoutez les pommes de terre, secouez ou mélangez sur un feu chaud jusqu'à ce que chaque morceau soit légèrement doré; saupoudrer légèrement d'une demi-cuillère à café de sel, d'une cuillère à soupe de persil et d'une pincée de poivre ; plat et servir.

Pommes De Terre Grillées

Couper les pommes de terre bouillies froides en fines tranches dans le sens de la longueur ; trempez chaque tranche dans un peu de beurre fondu, saupoudrez-la de sel et de poivre et faites-la griller sur un feu clair jusqu'à ce qu'elle soit dorée. Pour les dyspeptiques, il est préférable de faire d'abord griller la pomme de terre et d'ajouter ensuite le beurre, car la chaleur du beurre le rend indigeste. Les patates douces peuvent être grillées selon cette même règle et seront moins grasses que lorsqu'elles sont frites.

Hachis aux légumes dorés

Hachez assez finement deux ou trois pommes de terre bouillies froides, ajoutez une quantité égale de carottes hachées et soit des haricots verts, soit des pois, selon ce qu'il vous reste. Vous pouvez ajouter à cela une tasse de compote de chou. Mettez deux cuillères à soupe de beurre dans une poêle peu profonde, mélangez les légumes, mettez-les dans le beurre, laissez-les reposer sur un feu doux jusqu'à ce qu'ils soient bien dorés et en croûte au fond. Pliez soigneusement une moitié sur l'autre et pressez les deux moitiés l'une contre l'autre ; cuire encore un instant et démouler sur un plat chauffé. C'est un bon plat à servir avec une omelette et une sauce tomate pour le déjeuner ou le dîner.

FROMAGE

Les coquilles d'Edam, ou fromage à l'ananas, une fois que tout le fromage disponible a été retiré, seront utilisées comme plat de cuisson pour les spaghettis à l'étouffée, les macaronis ou le riz. Si des précautions sont prises, une coquille peut être utilisée pour trois ou quatre cuissons . Faire bouillir les macaronis dans de l'eau claire jusqu'à ce qu'ils soient tendres ; puis égouttez-le, coupez-le en petits morceaux et ajoutez-le à la sauce à la crème. Versez-le dans la coque de fromage, posez la coque sur un morceau de papier huilé dans un plat allant au four et passez à four modéré pendant quinze ou vingt minutes. Soulevez délicatement la coquille, posez-la sur un plat chaud et envoyez-la aussitôt à table. Une fois les macaronis retirés, la coque sera nettoyée et mise de côté au frais pour la prochaine cuisson. Il y a juste assez de fromage apporté par le grillage de cette coquille pour donner une saveur agréable aux macaronis. Le riz bouilli nature peut être entassé dans les coquilles et cuit à la vapeur, ou cuit au four pendant quelques instants.

Tous les restes ou morceaux de fromage commun, lorsqu'ils sont trop durs et secs pour être servis sur la table, doivent être râpés, mis dans un bocal et mis de côté pour les boulettes de fromage à servir avec de la laitue, du soufflé au fromage, des macaronis au four, des spaghettis ou des croquettes. , sauce au fromage, ou soupe Duchesse.

Soufflé au Fromage

Mettez une tasse de chapelure rassis avec une branchie de lait sur le feu pendant un instant ; retirez du feu, ajoutez les jaunes de trois œufs, six cuillères à soupe de fromage râpé, une demi-cuillère à café de sel et une pincée de poivron rouge ; incorporer les blancs d'œufs bien battus; mettre dans des plats allant au four individuels; cuire à four rapide environ huit minutes et envoyer immédiatement à table.

Boules de fromage

Râpez ou hachez suffisamment de fromage commun pour faire une demi-pinte ; ajoutez-y une pinte de chapelure rassis, une demi-cuillère à café de sel, une pincée de poivron rouge et les blancs de deux œufs légèrement battus. Formez-les en petites boules de la taille d'une noix anglaise ; tremper dans l'œuf puis dans la chapelure et faire revenir dans de la graisse chaude et fumante. Celles-ci peuvent également être transformées en petites croquettes en forme de cylindre et servies avec une sauce à la crème.

Soupe Duchesse

Mettez deux cuillères à soupe de beurre et un oignon émincé dans une casserole ; cuire jusqu'à ce que l'oignon soit tendre et jaune; ajoutez à cela deux cuillères à soupe de farine, mélangez, puis ajoutez un litre de lait, une cuillère à café rase de sel et un assaisonnement savoureux de poivron rouge. Ajoutez six cuillères à soupe de fromage râpé; incorporer au bain-marie jusqu'à ce qu'il soit chaud; passer au tamis fin; réchauffer et envoyer immédiatement à table.

Pouding au Fromage

Faire griller des tranches de pain rassis jusqu'à ce qu'elles soient dorées et croustillantes au centre. Il est préférable de le faire au four. Mettez une couche de ce pain grillé au fond d'un plat allant au four ; mettre dessus un quart de tasse de fromage râpé ou haché, saupoudrer de sel et de poivron rouge ; puis une autre couche de pain, une autre de fromage et la dernière de pain. Versez suffisamment de lait pour humidifier le pain; cuire à four rapide quinze minutes et servir aussitôt.

SAUCES

Toutes les sauces à la viande sont préparées selon la même règle, en changeant les liquides pour donner des variétés ; par exemple, une cuillère à soupe de beurre (ce qui signifie une once) et une cuillère à soupe de farine (une demi-once) sont toujours autorisées pour chaque demi-pinte de liquide. Le beurre et la farine sont frottés ensemble (mieux sans chauffer), puis le liquide ajouté, froid ou tiède, le tout agité sur le feu jusqu'à ébullition. Une demi-cuillère à café de sel et un huitième de cuillère à café de poivre constituent la quantité appropriée d'assaisonnement.

Sauce blanche

Si vous souhaitez faire une sauce blanche, utilisez une cuillère à soupe de beurre, une cuillère à soupe de farine et un demi-litre de lait. Appelée aussi sauce au lait ou à la crème.

Sauce tomate

La sauce tomate aura les mêmes proportions de beurre et de farine et une demi-pinte de tomates égouttées.

Sauce Béchamel

Pour la sauce Béchamel, remplissez la tasse à moitié de bouillon, puis la moitié restante avec du lait, en redonnant la demi-pinte de liquide et la quantité habituelle de beurre et de farine.

Sauce Suprême

C'est l'une des sauces les plus agréables à utiliser avec du poulet, du canard ou de la dinde réchauffés. Frottez ensemble une cuillère à soupe de beurre et une de farine, puis ajoutez progressivement une demi-pinte de bouillon de poulet ; remuez constamment jusqu'à ébullition, retirez du feu, ajoutez les jaunes de deux œufs, passez au tamis fin, ajoutez l'assaisonnement et servez aussitôt.

Les sauces contenant des jaunes d'œufs crus ne peuvent pas être bouillies une fois les œufs ajoutés.

Beurre tiré à l'anglaise

Pour le beurre anglais, utilisez une cuillère à soupe de beurre, une cuillère à soupe de farine et une demi-pinte d'eau. Nous faisons généralement bouillir l'eau et l'ajoutons progressivement au beurre et à la farine, en remuant rapidement. Dès qu'il atteint le point d'ébullition, retirez du feu et ajoutez délicatement une autre cuillère à soupe de beurre. Cela peut être converti en plaine

Sauce Hollandaise

en ajoutant avec la dernière cuillère à soupe de beurre, les jaunes de deux œufs, le jus d'un demi citron, une cuillère à café de jus d'oignon et une cuillère à soupe de persil haché.

Sauce brune

Ceci est obtenu en frottant du beurre et de la farine ensemble dans les proportions ci-dessus, puis en ajoutant une demi-pinte de bouillon ; remuer jusqu'à ébullition, ajouter une cuillère à café de brunissement ou de bouquet de cuisine et l'assaisonnement habituel de sel et de poivre. Pour changer le caractère de cette sauce , ajoutez de l'ail, de l'oignon, de la sauce Worcestershire, du catsup aux champignons, etc.

Sauce tomate brune

Une sauce extrêmement délicieuse pour les steaks de Hambourg. Après avoir retiré les steaks de la poêle, ajoutez une cuillère à soupe de beurre et une de farine ; mélanger. Remplissez votre tasse à mesurer à moitié de tomates égouttées, la moitié restante de bouillon, pour obtenir une demi-pinte ; ajoutez-le au beurre et à la farine, remuez jusqu'à ébullition, ajoutez un assaisonnement de sel et de poivre et versez sur les steaks.

Sauce au rôti de bœuf

La sauce au rôti de bœuf, qui devrait être une sauce, est améliorée en ajoutant un peu de tomate au bouillon avant de l'ajouter à la graisse et à la farine. Dans les viandes rôties, nous n'utilisons pas de beurre pour la sauce ; il y a toujours suffisamment de graisse au fond de la casserole. Versez de la poêle toutes les cuillères à soupe de graisse sauf une ou deux (la quantité requise) et ajoutez-y la farine. Une cuillerée à soupe ronde de beurre à laquelle nous faisons référence pèse une once ; de graisse liquide, comme dans la poêle, il faut en compter deux cuillerées égales par once ; ainsi, si vous voulez préparer une demi-pinte de sauce, retirez toutes les cuillerées de graisse sauf deux ; ajoutez une cuillère à soupe de farine puis la demi-pinte d'eau ou de bouillon.

Brunissement

Le sucre brûlé ordinaire (caramel) peut être utilisé pour colorer les soupes et les sauces, évitant ainsi d'avoir à faire dorer la farine ou le beurre. Il est également utilisé comme arôme pour les sucreries. Mettez une tasse de sucre sec dans une casserole en fer. Placez-le sur un feu chaud et remuez continuellement jusqu'à ce qu'il soit réduit en un liquide brun foncé. Lorsqu'il commence à brûler et à fumer, ajoutez en toute hâte une tasse d'eau bouillante, remuez et faites cuire jusqu'à ce qu'un mélange fin et sirupeux se forme. Il ne faut pas qu'elle soit trop épaisse. Flacon, il est prêt à l'emploi et se conserve toute la durée.

bouquet de cuisine

Ajoutez un oignon haché et une cuillère à café de graines de céleri à une tasse de sucre sec, puis procédez comme pour un brunissage ordinaire. Filtrer et mettre en bouteille. Un très bon mélange sous ce nom peut être acheté chez les épiciers.

Sauce aux champignons

Lorsqu'il ne reste que quelques champignons, frais ou en conserve, ils peuvent être hachés finement et ajoutés à une sauce brune et servis avec un steak ou du bœuf ; ou ils peuvent être hachés finement et ajoutés à une sauce à la crème et servis avec du poulet ou des ris de veau.

Sauces à la viande froide

C'est la mode, lorsqu'on sert de la viande froide, de l'accompagner de condiments comme de la sauce Worcestershire, du ketchup aux champignons, aux noix ou aux tomates. Bien entendu, ceux-ci, utilisés en grande quantité, sont plus ou moins nuisibles. Un certain nombre de petits restes de la maison peuvent être utilisés à la place, ajoutant du piquant à la viande, et sont plus économiques et plus sains.

Sauce Tomate Hachée

Épluchez une tomate de bonne taille, coupez-la en deux et essorez les graines ; hachez finement la chair de la tomate, ajoutez un quart de cuillère à café de sel, une pincée de poivre ou, si vous en avez, un peu de poivron haché finement ; vous pouvez ajouter aussi un peu de céleri haché très fin, ou des graines de céleri, et une cuillerée à café de jus d'oignon ; frottez votre cuillère avec une gousse d'ail et mélangez bien les ingrédients ; ajoutez une cuillère à café de jus de citron et assiette. Passez et utilisez comme du ketchup ordinaire.

Sauce au Concombre Râpé

Râper trois ou quatre gros concombres; égouttez-les sur une passoire ; à cette pulpe égouttée, ajoutez une demi-cuillère à café de sel, une pincée de poivron rouge, une cuillère à café de jus d'oignon, une cuillère à soupe de jus de citron, et incorporez-les soigneusement à deux ou trois cuillères à soupe de crème très épaisse ; si vous pouvez d'abord fouetter un peu la crème, tant mieux. De la crème peut également être ajoutée à la tomate.

Sauce au céleri haché

Hachez suffisamment de céleri pour obtenir une demi-pinte ; assaisonnez-le avec un quart de cuillère à café de sel, une cuillère à café de jus d'oignon, une pincée de poivre. Frottez la cuillère avec de l'ail, mélangez bien, incorporez-y le jaune d'un œuf légèrement battu avec deux cuillerées de crème ; ajoutez quelques gouttes de jus de citron ou de vinaigre d'estragon et servez.

Sauce à la crème et au raifort

C'est l'une des sauces les plus délicieuses à servir avec les restes de viande, en particulier le bœuf. Pressez du vinaigre quatre cuillerées à soupe de raifort, ajoutez un quart de cuillerée à café de sel et incorporez le jaune d'un œuf. Fouettez six cuillères à soupe de crème jusqu'à obtenir une mousse ferme, incorporez-la progressivement au raifort et au plat en même temps.

Sauces pour poudings

La méthode simple pour préparer une sauce au pudding consiste à ajouter à une demi-tasse de sucre une cuillère à soupe de farine ; mélangez bien, puis ajoutez en toute hâte une demi- pinte d'eau bouillante ; faire bouillir un instant et verser chaud dans un œuf bien battu en battant tout le temps. Celui-ci peut maintenant être assaisonné avec n'importe quel arôme, comme l'orange, le citron ou la vanille.

Pour changer le caractère de cette sauce, on peut ajouter une cuillère à soupe de beurre. Lorsque le beurre entre en grande partie dans la composition d'une sauce pour pudding, il vaut mieux qu'il soit battu en crème, le sucre ajouté progressivement, puis l'œuf et enfin la liqueur. Faites-le chauffer au bain-marie juste au moment de servir, sinon la mousse flottera à la surface et le liquide sera plutôt dense au fond.

Le sucre fondu avec du jus de citron et un peu d'eau s'appelle la sauce au sucre.

SALADES

Il arrive un moment dans la semaine, même en faisant un ménage soigné, où l'on accumule des petites choses, quelques olives, une tranche ou deux de betterave, peut-être deux ou trois morceaux de carotte cuite, une pomme de terre froide, un tout petit peu de poisson froid ou de viandes froides, et pas plus d'une ou deux cuillères à soupe de gelée aspic ; ceux-ci peuvent tous être utilisés dans un

Salade russe

Hachez ou coupez soigneusement les légumes ; mélangez, ajoutez deux ou trois cuillères à soupe de pignons grillés, ainsi que la viande et le poisson ; plat sur des feuilles de laitue ou, si vous avez des tomates, épluchez et retirez le centre, puis versez la salade dans les tomates. Servir avec une vinaigrette française ou mayonnaise; garnir de blocs de gelée aspic.

CÉRÉALES

Les restes de riz bouilli à froid peuvent être mélangés à une petite quantité de viande et utilisés pour farcir des tomates ou des aubergines ; ou il peut être réchauffé ou transformé en pudding, ou ajouté aux muffins pour le déjeuner, ou ajouté au pain de maïs.

Une tasse de farine d'avoine ou de blé concassé ou de blé peut également être ajoutée aux muffins ou aux pains ordinaires à la levure ou au maïs. Ces petits ajouts augmentent la valeur alimentaire, rendent le mélange plus léger et évitent les déchets.

Pain de riz du sud

Séparez deux œufs, battez les jaunes jusqu'à ce qu'ils soient légers et ajoutez une tasse (une demi-pinte) de lait ; ajoutez une cuillère à soupe de beurre fondu, une demi-cuillère à café de sel et une tasse et demie de semoule de maïs ; bien battre et incorporer une tasse de riz bouilli froid; ajoutez une cuillère à café de levure chimique; battre pendant deux ou trois minutes; incorporer les blancs d'œufs bien battus et cuire au four en une fine feuille dans un plat allant au four ordinaire.

Muffins au Riz

Séparez deux œufs; ajoutez aux jaunes une tasse de lait et une tasse et demie de farine blanche ; bien battre, ajouter une demi-cuillère à café de sel, une cuillère à café de levure chimique et une tasse de riz bouilli froid ; incorporer les blancs bien battus et cuire dans des moules à pierres précieuses à four rapide vingt minutes.

Croquettes de Riz

Pour faire du riz bouilli froid en croquettes, le riz doit être réchauffé au bain-marie avec une branchie de lait et le jaune d'un œuf dans chaque tasse ; vous pouvez assaisonner avec du sucre et du citron ou du sel et du poivre et servir comme légume. Former des croquettes en forme de cylindre; tremper dans l'œuf et la chapelure et faire frire dans de la graisse chaude et fumante.

Riz au lait simple

Mettez au bain-marie un litre de lait; laissez-le cuire trente minutes; puis ajoutez deux cuillères à soupe de sucre, une râpe de muscade et une tasse de riz bouilli froid ; transformez-le dans un plat allant au four et faites cuire à four rapide trente minutes. Servir froid. Des raisins secs peuvent être ajoutés lors de la mise dans le plat de cuisson.

riz au citron

Dans une tasse de riz bouilli froid, mélangez une pinte de lait ; battre les jaunes de trois œufs avec une demi-tasse de sucre jusqu'à consistance légère ; ajoutez-y le riz et le lait ; ajoutez le zeste jaune râpé et le jus d'un citron. Transformez-le en un plat allant au four; cuire à four moyennement rapide vingt à trente minutes. Battez les blancs d'œufs en une mousse ferme, ajoutez trois cuillères à soupe de sucre en poudre et battez à nouveau. Empilez-les sur le pudding, saupoudrez abondamment de sucre en poudre; remettre au four pour dorer lentement; servir froid.

Pudding paradisiaque

Parer, épépiner et râper trois pommes. Séparez trois œufs; ajoutez aux jaunes quatre cuillères à soupe de sucre ; battre jusqu'à ce que la lumière soit légère; ajoutez une râpée de muscade et une cuillère à café de jus de citron ; incorporer une demi-tasse de riz bouilli froid; mélangez-y rapidement les pommes et battez bien ; ajoutez une demi-tasse de lait; transformer dans un plat allant au four et cuire au four pendant trente minutes. Réaliser une meringue comme dans la recette précédente, à partir des blancs d'œufs ; mettez-le sur le dessus et faites dorer. Ce pudding peut être servi tiède ou froid.

Compote d'Ananas

Jetez une pinte d'eau bouillante sur une tasse de riz bouilli froid ; remuez un instant; égoutter et placer devant la porte du four. Préparez, cueilli à part, un petit ananas ; ajoutez-y une demi-tasse de sucre; chauffer rapidement en remuant constamment. Disposez le riz au centre d'un plat rond en formant un tas plat sur le dessus ; empilez soigneusement l'ananas dessus; versez dessus le sirop et envoyez immédiatement à table. De petites quantités ou différents types de fruits restants peuvent être mélangés et utilisés de cette manière.

Pudding du lundi

Coupez des morceaux de pain de blé entier en dés. Utilisez une demi-tasse de fruits qui auraient pu rester, des pruneaux, des raisins secs, des dattes hachées ou des fruits confits. Beurrer un moule à melon ordinaire ; mettez une couche de pain au fond, puis une couche de fruits, et continuez ainsi jusqu'à ce que le moule soit rempli. Battez trois œufs, sans les séparer, avec quatre cuillères à soupe de sucre ; ajoutez une pinte de lait; versez-le soigneusement sur le pain; laissez reposer dix minutes; puis posez le couvercle sur le moule et faites cuire à la vapeur ou faites bouillir continuellement pendant une heure. Servir avec une sauce au citron ou à l'orange.

Pouding Farina aux Pommes

Versez les restes de porridge du petit-déjeuner dans un moule carré et réservez-le. A l'heure du déjeuner ou du dîner, coupez-le en fines tranches, recouvrez le fond d'un plat allant au four avec ces tranches et recouvrez-les de pommes tranchées, et continuez ainsi jusqu'à ce que vous ayez utilisé les ingrédients, en ayant la dernière couche de pommes. Battez un œuf sans le séparer jusqu'à ce qu'il soit léger, ajoutez une demi-tasse de lait et une cuillère à soupe de sel, puis incorporez une demi-tasse de farine. Une fois lisse, versez-le sur les pommes et faites cuire à four rapide pendant une demi-heure. Servir avec du lait ou avec une sauce dure.

Pouding farina aux canneberges

2 tasses de restes de bouillie de farina froide 1/2 tasse de canneberges 1/2 tasse de sucre

Il est sage de verser le porridge dans un moule dès la fin du petit-déjeuner. Au moment de servir, démoulez le tout dans un plat en verre, versez dessus les canneberges pressées au tamis ; saupoudrer abondamment de sucre. Incorporer le sucre restant dans une demi-pinte de lait ou de crème et servir comme sauce avec le pudding.

Pouding farina nature

2 tasses de lait 1/2 tasse de sucre 2 œufs 1 tasse de restes de farine ou de crème de blé 1 cuillère à café de vanille

Mettez le lait dans un bain-marie, ajoutez le sucre et la bouillie de farine froide. Remuer jusqu'à ce qu'il soit bien chaud, puis ajouter les œufs bien battus et la vanille. Transférer dans un plat allant au four et passer au four jusqu'à ce qu'il soit doré. Servir froid, avec du lait ou de la crème.

Gemmes Farina

2 œufs 1 tasse de lait 1 tasse de farine bouillie froide 1 tasse de farine 4 cuillères à café rases de levure chimique 1/2 cuillère à café de sel

Séparez les œufs, ajoutez le lait et incorporez-le progressivement à la farine froide. Une fois lisse, ajoutez le sel, la levure chimique et la farine mélangées. Battre puis incorporer les blancs d'œufs bien battus. Cuire dans des moules à pierres précieuses à four rapide pendant une demi-heure.

Hominy Pone

1 tasse de hominy bouilli 1 tasse de farine de maïs blanc 2 tasses de lait 2 cuillères à soupe rases de beurre 2 œufs 1/2 cuillère à café de sel

Si le hominy est un reste de hominy froid, ajoutez-y le lait, et lorsqu'il est bien lisse, ajoutez les œufs bien battus, puis le beurre fondu et la semoule de maïs.

Verser dans un moule beurré et enfourner à four très chaud environ vingt à vingt-cinq minutes.

Muffins à l'avoine

Les recettes de muffins ordinaires, qui sont toujours à peu près les mêmes, quelle que soit la farine utilisée, peuvent y avoir été ajoutées une tasse de farine d'avoine bien cuite ; par exemple, séparez deux œufs comme pour les muffins au riz ; ajoutez aux jaunes une tasse de lait; puis ajoutez une tasse et demie de farine de blé entier ; bien battre; ajoutez une cuillère à café de levure chimique; battre à nouveau ; ajoutez une tasse de farine d'avoine bien cuite, ou vous pouvez remplacer le blé ou l'une des céréales du petit-déjeuner ; Incorporez les blancs d'œufs et faites cuire dans des moules à pierres précieuses à four rapide pendant vingt à trente minutes.

Sandwichs

Des petits morceaux de fruits, des morceaux de céleri croquants, des charcuteries de toutes sortes, peuvent être hachés, convenablement assaisonnés et utilisés pour confectionner des sandwichs aux fruits, aux légumes et à la viande.

LÉGUMES

Les haricots verts, le chou-fleur, les carottes, les betteraves, les pois et même une pomme de terre bouillie froide peuvent tous être coupés en morceaux nets, mélangés ensemble et servis sur des feuilles de laitue, assaisonnés de vinaigrette française comme salade. Une betterave bouillie froide peut être utilisée comme garniture pour une salade de pommes de terre. Les haricots verts, si vous en avez suffisamment, peuvent être servis seuls en salade.

Aubergine farcie

aubergine de bonne taille dans une bouilloire d'eau bouillante ; faire bouillir dix minutes; une fois froid, coupez-le en deux et, avec un couteau émoussé, retirez le centre. Hachez finement cette portion évidée, mélangez-y une quantité égale de viande crue finement hachée, ajoutez un oignon râpé, une gousse d'ail écrasée, une cuillère à café de sel, un peu de persil haché si vous en avez et un trait. de poivre. Remplissez-en les coquilles d'aubergines , placez-les dans un plat allant au four, ajoutez une tasse de bouillon et une cuillère à soupe de beurre, faites cuire lentement pendant une heure, en arrosant toutes les dix minutes.

Concombres

Les concombres crus se fanent facilement et sont alors impropres à la consommation. Faites-les tremper dans de l'eau pure froide et non salée jusqu'au moment de servir. Passer la vinaigrette française dans un plat à part. De cette façon, les « restes » peuvent être placés au réfrigérateur et utilisés le lendemain comme complément à la salade du dîner.

Restes de tomates

Une demi-tasse de compote de tomates peut être utilisée avec du bouillon pour une sauce tomate brune ou pour préparer un petit plat de tomates gratinées, pour aider au déjeuner lorsque la famille est peut-être moins nombreuse. Les Italiens font bouillir cette demi-tasse de tomates jusqu'à ce qu'elle ait la consistance d'une pâte ; puis passez au tamis, ajoutez un peu de sel, mettez-le dans un verre à gelée et placez-le au réfrigérateur pour l'utiliser comme arôme. Une cuillerée à soupe dans une soupe, ou dans une sauce ordinaire, ou mélangée à de l'eau pour les fèves au lard, ou ajoutée au bouillon de sauce pour les spaghettis ou les macaronis, ajoute grandement à la saveur ainsi qu'à l'apparence.

Huîtres de maïs

6 épis de maïs bouillis froids 2 œufs 1 tasse de lait 1/2 tasse de farine 1/2 cuillère à café de sel 1 cuillère à café de poivre

Entaillez le maïs, essorez-le, ajoutez les œufs bien battus et l'huile ou le beurre ; puis incorporez le lait, le sel et le poivre. Tamisez la farine, incorporez-la et déposez-la par cuillerées dans la graisse chaude peu profonde.

Tarte au poulet et au maïs

6 épis de maïs cuits froids 4 œufs 1 cuillère à soupe rase de beurre fondu 1 tasse de lait 1 cuillère à café de sel 1 cuillère à soupe de poivre 1 jeune poulet

Marquez le maïs et avec un couteau émoussé, pressez-le. Battez délicatement les œufs, sans les séparer, jusqu'à ce qu'ils soient légers, ajoutez le lait, le beurre fondu, le sel et le poivre. Versez le tout dans une cocotte ou un plat à pudding. Faites tirer le poulet et disjoint; faites deux morceaux de magret, coupez-le en quatre morceaux, saupoudrez de sel et de poivre, badigeonnez de beurre fondu. Posez le poulet sur ce mélange et placez le plat de cuisson dans un four moyennement rapide pendant environ une heure. Servir dans le plat dans lequel il a été cuit. Certains préfèrent faire griller le poulet côté os avant de le mettre dans le pudding, le pudding peut être cuit, puis le mettre dans le pudding et le dorer avec le pudding. C'est une bonne façon d'utiliser les restes de maïs froids, et des morceaux de poulet froids peuvent être utilisés à la place du poulet frais.

Galettes De Maïs Vert

4 épis de maïs cuits 1 œuf 2 cuillères à soupe de lait 1 cuillère à soupe de beurre fondu 1/2 tasse de farine 1/2 cuillère à café de sel

Entaillez le maïs, essorez la pulpe cuite, ajoutez-y l'œuf battu, le lait, le beurre fondu et le sel. Incorporer la farine et déposer par cuillerées à soupe dans un peu de graisse bien chauffée.

DES FRUITS

De petites quantités de fruits qui ne sont pas suffisamment visibles pour être remises sur la table peuvent être mises de côté et transformées en tourte aux fruits. Toutes sortes de fruits peuvent être mélangés. Mettez-les dans une casserole, et à chaque pinte de ce fruit ajoutez un litre d'eau et un assaisonnement savoureux de sucre, et vous pouvez l'aromatiser avec un peu de zeste de citron ou d'orange râpé ; porter à ébullition. Pendant ce temps, mettez un litre de farine dans un bol, ajoutez une demi-cuillère à café de sel et une cuillère à café de levure chimique. Battez un œuf jusqu'à ce qu'il soit léger, ajoutez-y une demi-tasse de lait, puis ajoutez-le à la farine ; il devrait y en avoir juste assez pour humidifier et faire une pâte. Sortez-le sur la planche, pétrissez légèrement, étalez-le et coupez-le en biscuits. Mettez ces biscuits sur le dessus des fruits ; couvrir la bouilloire et cuire lentement pendant quinze minutes ; ne soulevez pas le couvercle pendant la cuisson. Servir chaud avec du lait nature ou de la crème, ou avec une sauce dure à base de sucre et de beurre.

Soufflé aux Fruits

Battre les blancs de six œufs jusqu'à ce qu'ils soient légers, mais pas secs ; ajoutez trois cuillères à soupe de sucre en poudre; mélanger rapidement; tapisser le fond du plat de cuisson avec toute sorte de fruits, comme des dattes ou des figues hachées, ou des restes de fruits confits ou de conserves. Entassez les blancs d'œufs, saupoudrez abondamment de sucre en poudre et faites cuire à four chaud pendant cinq minutes. Sers immédiatement. Pour donner de la variété, s'il reste des biscuits, du pain ou des génoises rassis, tapissez le fond du plat avec les morceaux rassis ; verser dessus suffisamment de lait pour humidifier, mettre une couche de fruits et les blancs d'œufs comme ci-dessus.

Jambolaya aux fruits

Mettez une tasse de riz bouilli froid dans un petit tamis ou une passoire et placez-la au-dessus de la bouilloire à thé où la vapeur la traversera. Hachez finement les restes de fruits sous la main, une pomme, une poire, une prune, une banane et la pulpe d'une orange ; ils peuvent être tous mélangés et légèrement sucrés. Mettez un peu de riz dans quatre plats de service, mettez au centre de chacun une cuillère à soupe de fruits hachés et servez. C'est plutôt sympa pour les enfants et c'est une bonne façon d'utiliser à la fois le riz et les fruits, car cela forme une bonne combinaison.

Gâteau blanc nature

Battre un quart de tasse de beurre en crème; ajoutez progressivement une tasse et demie de sucre. Tamisez deux tasses de farine avec une cuillère à café de levure chimique ; mesurez une demi-pinte d'eau; ajoutez un peu d'eau et un peu de farine, et continuez ainsi jusqu'à ce que les ingrédients soient utilisés ; bien battre, puis incorporer les blancs bien battus de cinq œufs. Cuire au four en pain ou en couches. Assemblez les couches avec des fruits hachés, une crème anglaise molle ou un glaçage doux.

Caissettes à muffins au poulet

Faites bouillir ensemble une demi-pinte d'eau et deux cuillères à soupe de beurre, ajoutez à la hâte une demi-pinte de farine tamisée, remuez sur le feu jusqu'à l'obtention d'une pâte lisse. Retirer du feu et une fois refroidi, ajouter un œuf entier non battu ; battre, en ajouter un autre et continuer ainsi jusqu'à ce que quatre œufs aient été ajoutés. Cuire au four dans des moules à pierres précieuses jusqu'à ce qu'ils soient légers et creux, environ une demi-heure. Cette quantité fera douze. Coupez un rond sur le dessus et remplissez le muffin avec le mélange de crème.

Faire du lait de coco

Couvrir un litre de noix de coco râpée avec un litre d'eau bouillante. Remuer et écraser; filtrer et presser. Le lait ainsi produit peut être utilisé pour les currys. Jetez la pulpe.

LAIT CÔTÉ ET CRÈME

Gâteau De Maïs

2 œufs 1 tasse de lait aigre épais 1 cuillère à café rase de bicarbonate de soude 2 tasses de semoule de maïs 3/4 tasse de farine blanche 2 tasses de lait sucré 3 cuillères à café rases de levure chimique

Battre les œufs jusqu'à ce qu'ils soient très légers, sans les séparer. Humidifiez le soda dans deux cuillères à soupe d'eau froide, mélangez-le à la tasse de lait aigre ; ajoutez-le aux œufs, puis ajoutez la farine et battez bien. Tamisez la levure chimique et la farine; mélangez-les à l'autre mélange, puis ajoutez les deux tasses de lait sucré. Verser dans un moule peu profond graissé et cuire au four moyennement rapide environ trois quarts d'heure. Cela devrait avoir une crème anglaise sur le dessus.

Gâteau éponge au maïs

1 tasse de semoule de maïs 1/2 tasse de farine 1 tasse de lait aigre épais 2 œufs 1 cuillère à soupe rase de beurre fondu 1/2 cuillère à café de sel 1/2 cuillère à café de bicarbonate de soude

Humidifiez le soda dans une cuillère à soupe d'eau et incorporez-le au lait aigre épais. Séparez les œufs; battre les jaunes, ajouter le lait caillé, avec le beurre fondu, la semoule de maïs et la farine. Battez bien, puis incorporez les blancs bien battus, salez et faites cuire dans un moule peu profond graissé à four rapide pendant une demi-heure.

Vieux gâteaux à la pâte de Virginie

2 œufs 1 tasse de lait caillé 1 tasse d'eau 2 tasses de semoule de maïs blanc 1 tasse de farine 1/2 cuillère à café de sel 1 cuillère à café rase de bicarbonate de soude 1 cuillère à café de levure chimique

Battre les œufs, sans les séparer, jusqu'à ce qu'ils soient très, très légers. Dissoudre le soda dans un peu d'eau, l'ajouter au lait caillé ; remuez jusqu'à ce que le tout soit bien mélangé, ajoutez-le à l'œuf ; ajoutez l'eau, la semoule de maïs, le sel et la farine tamisée avec la levure chimique. Mélangez bien et enfournez sur une plaque très légèrement graissée.

Dodgers de maïs nature

1 œuf 1/2 cuillère à café de sel 1 tasse de lait aigre épais 1 cuillère à café rase de bicarbonate de soude 1 tasse côté semoule de maïs 1/2 tasse de farine

Battre l'œuf sans le séparer. Dissoudre le soda et l'ajouter au lait caillé ; ajoutez-le à l'œuf; ajoutez le sel, puis la semoule de maïs et la farine. Battez jusqu'à ce que le tout soit bien mélangé, et déposez-le par cuillerées dans une poêle peu profonde dans laquelle vous avez un peu de graisse de bacon ou de jambon. Une fois cuit d'un côté, retournez rapidement et faites cuire de l'autre.

www.ingramcontent.com/pod-product-compliance
Lightning Source LLC
LaVergne TN
LVHW091135180726
843490LV00008B/2998